TRAITÉ COMPLET
DE LA
DIVISION DES CHAMPS
DANS TOUS LES CAS
GÉODÉSIE USUELLE

COMPRENANT

TOUTES LES MÉTHODES ARITHMÉTIQUES ET GÉOMÉTRIQUES
SIMPLES, CLAIRES ET PRÉCISES
POUR DIVISER LES TERRAINS D'UNE FORME RÉGULIÈRE ET IRRÉGULIÈRE
EN PORTIONS ÉQUIVALENTES ET PROPORTIONNELLES
D'APRÈS LES DIFFÉRENTES CONDITIONS IMPOSÉES PAR LES COPARTAGEANTS

OUVRAGE RÉDIGÉ
A L'USAGE DES GÉOMÈTRES-ARPENTEURS DE PROFESSION
ET DES AMATEURS D'APPLICATIONS GÉOMÉTRIQUES

Par D. PUILLE (d'Amiens)
PROFESSEUR DE SCIENCES MATHÉMATIQUES APPLIQUÉES
Auteur de plusieurs ouvrages classiques
adoptés dans les Lycées, les Collèges, les Écoles normales, etc.

PLANCHES

PARIS
LIBRAIRIE CLASSIQUE DE CH. FOURAUT
ÉDITEUR
47, RUE SAINT-ANDRÉ-DES-ARTS, 47

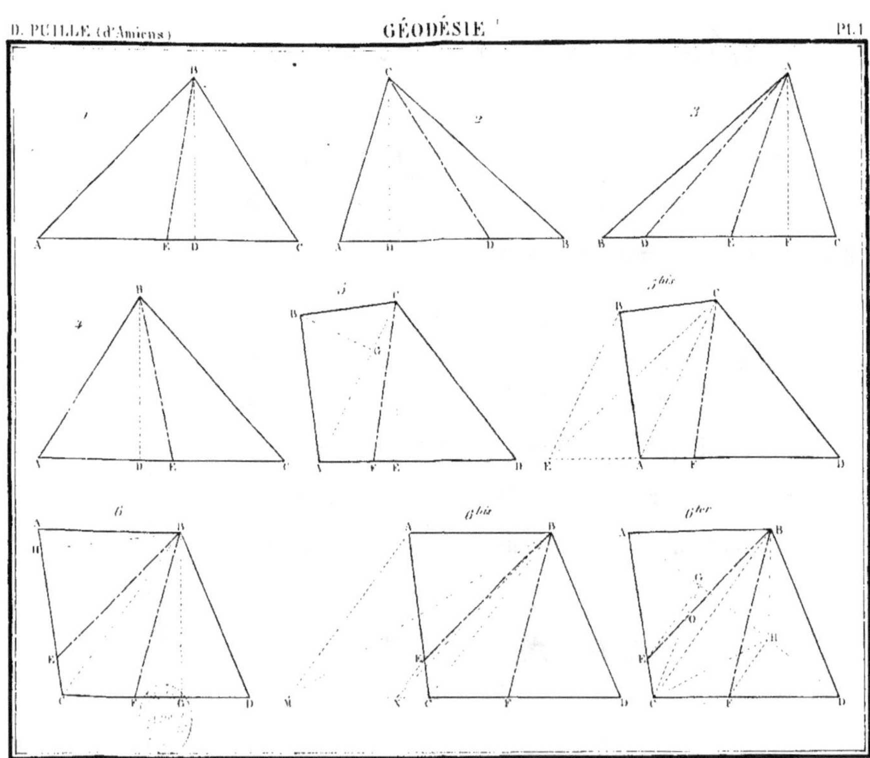
D. PUILLE (d'Amiens)
GÉODÉSIE
Pl. 1
Librairie Classique de Ch. Fouraut.

D. PUILLE (d'Amiens) GÉODÉSIE Pl. 2.

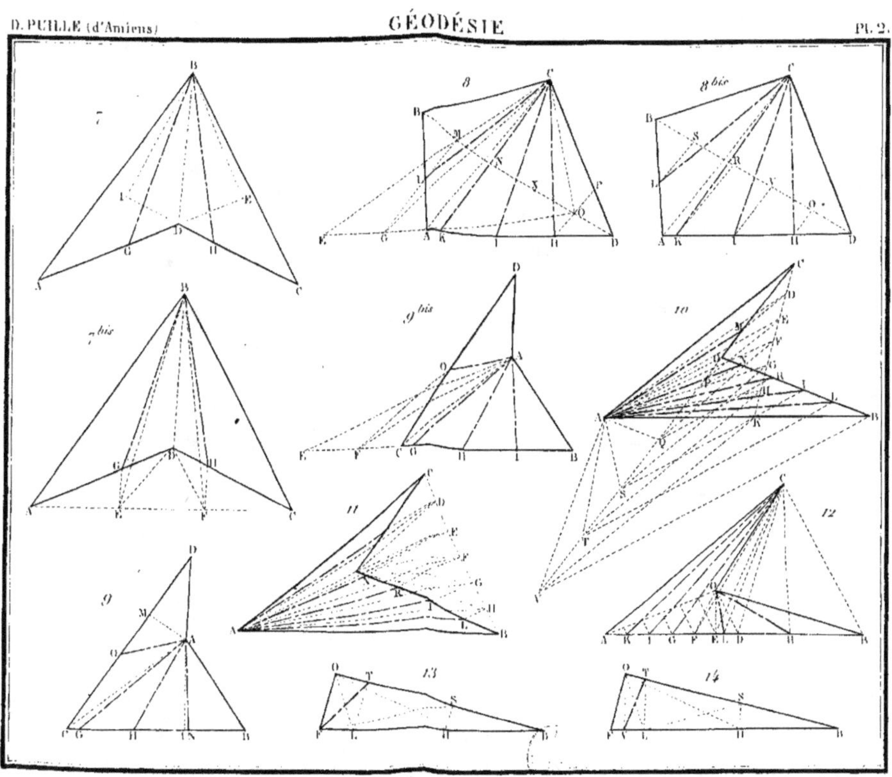

Librairie Classique de Ch. Fouraut. A. Stocher sc.

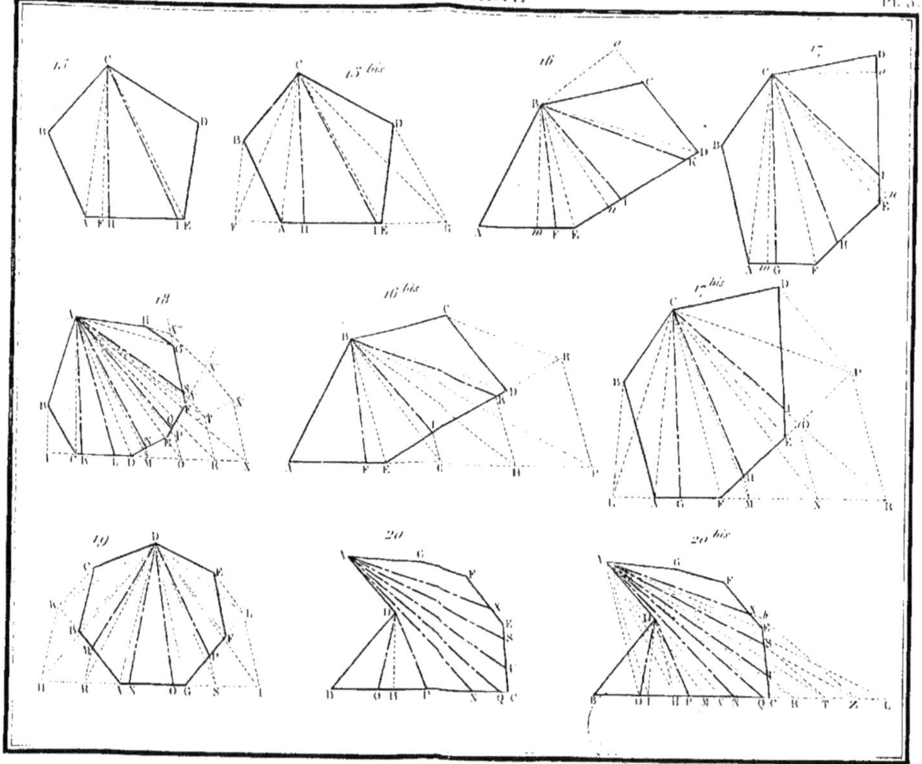

Librairie Classique de Ch. Fouraut.

J. Stecher sc.

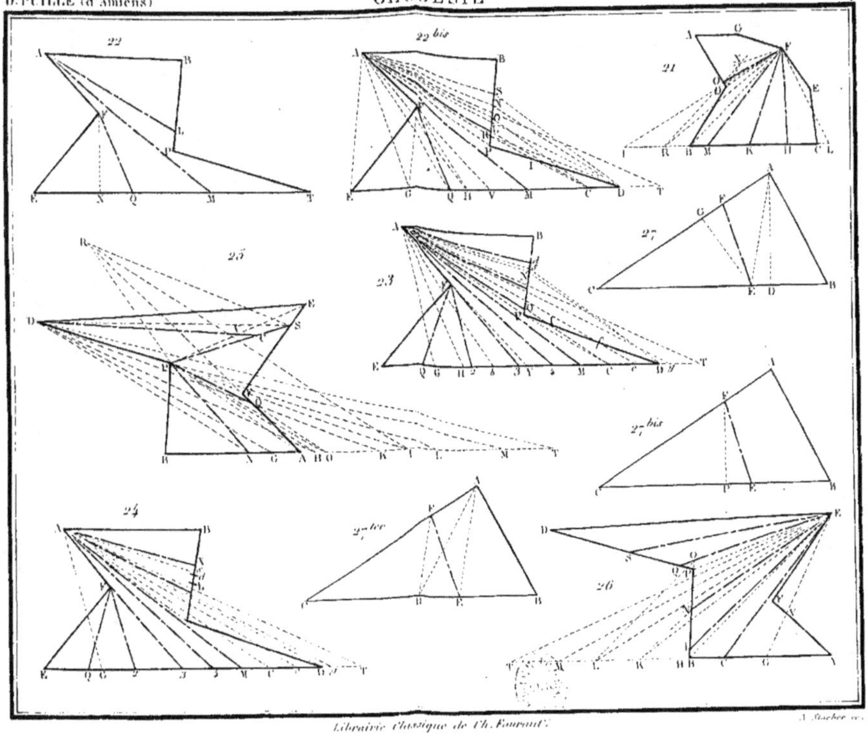

Librairie Classique de Ch. Fouraut.

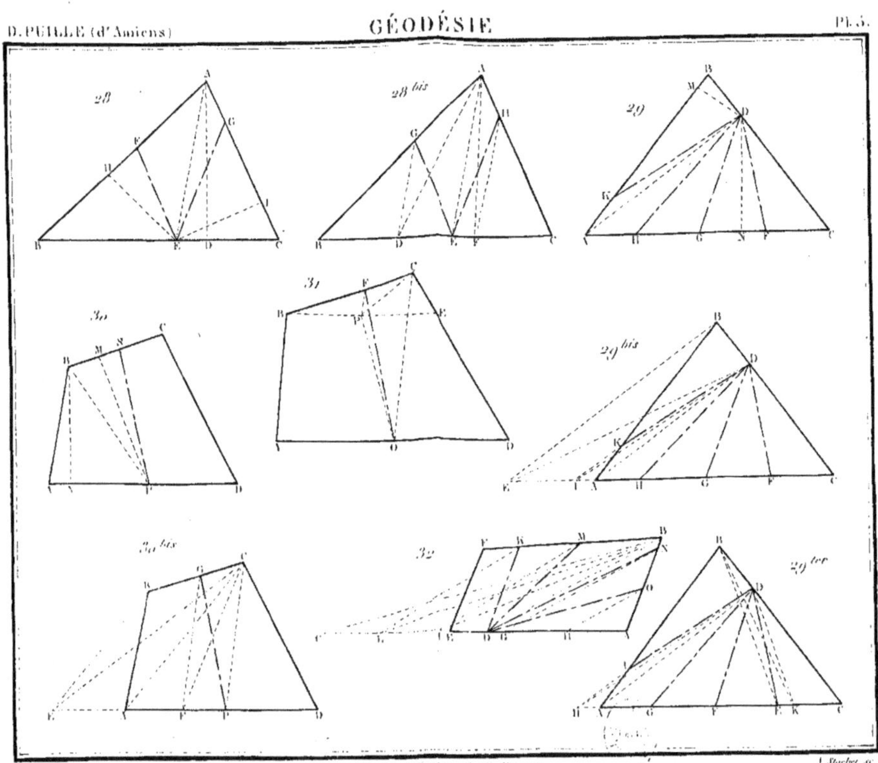
D. PUILLE (d'Amiens)
GÉODÉSIE
Pl. 5.
28
28 bis
29
30
31
29 bis
30 bis
32
29 ter
Librairie Classique de Ch. Fouraut.
A. Stachet sc.

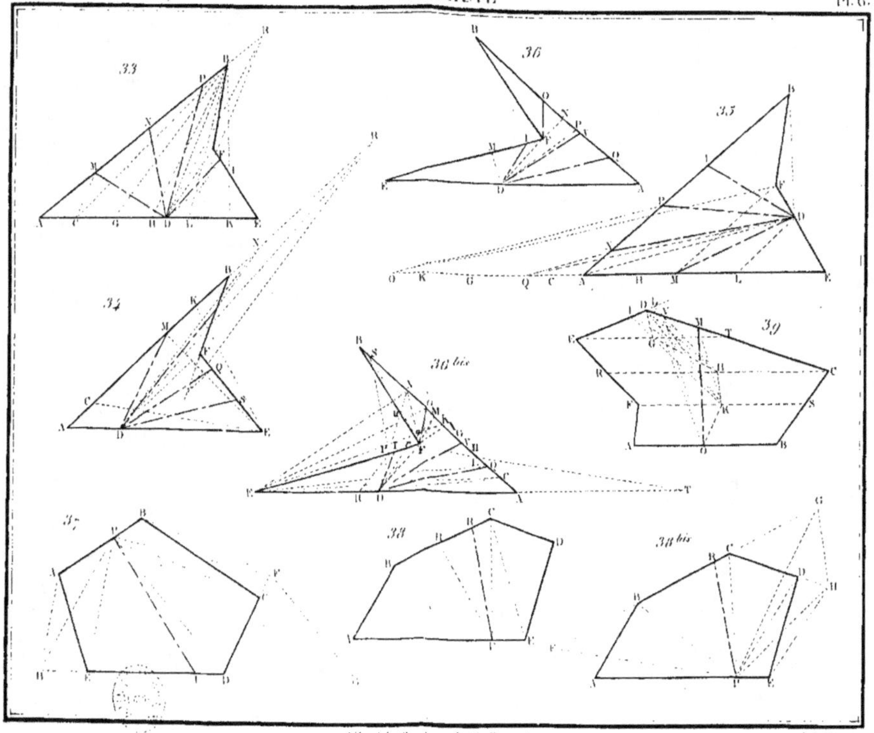

33

34

35

36

36 bis

37

38

38 bis

39

Librairie Classique de Ch. Fouraut

J. Stucker sc.

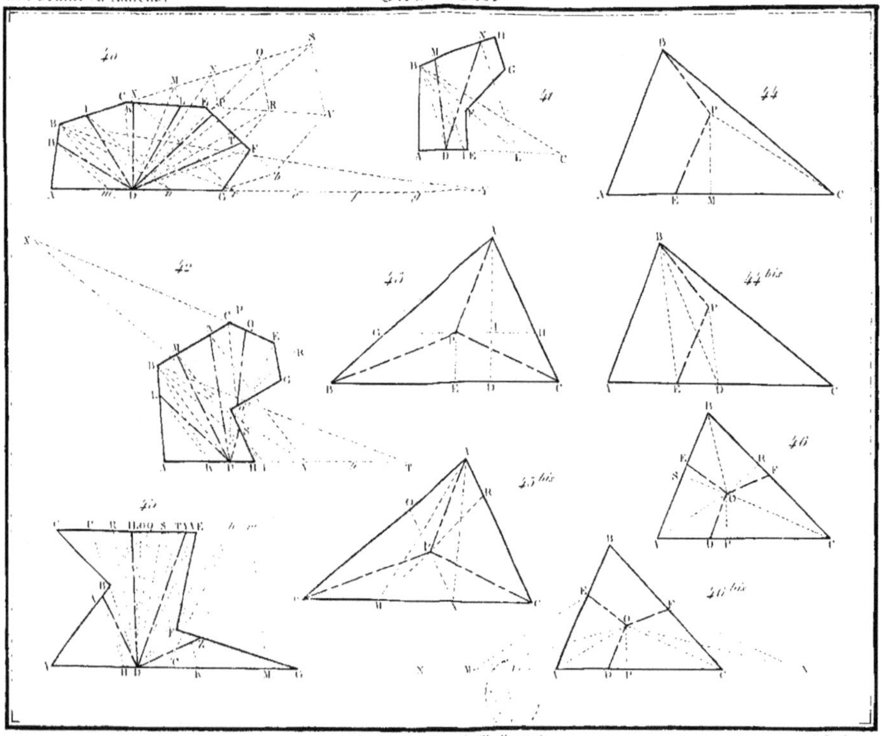

Librairie Classique de Ch. Fouraut A. Stucker sc.

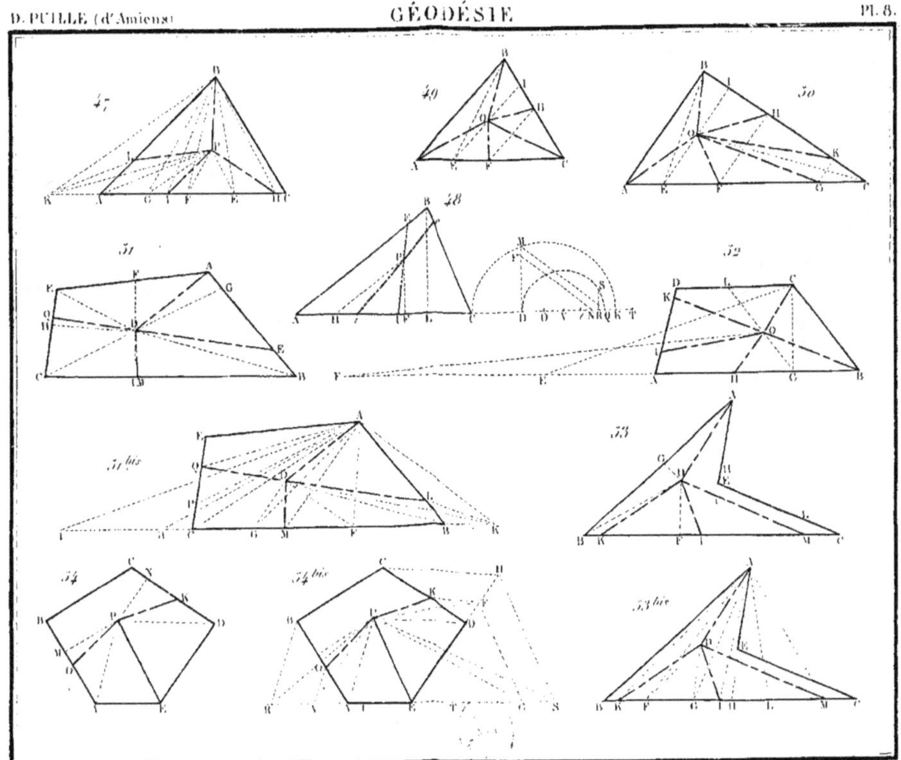

Librairie Classique de Ch. Fouraut.
J. Macher sc.

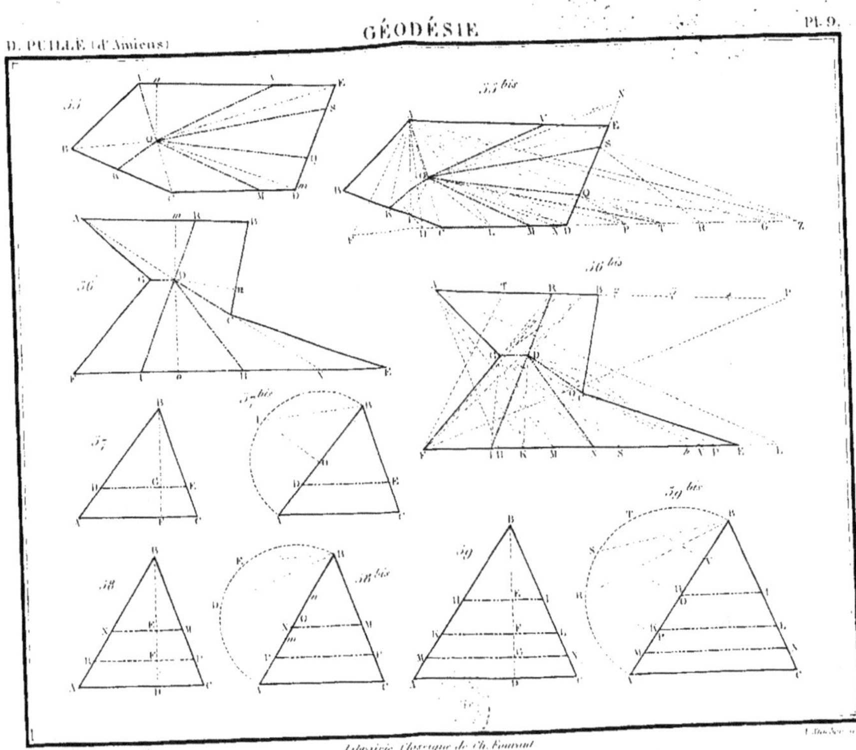

Librairie Classique de Ch. Fouraut

Librairie Classique de Ch. Fouraut

Librairie Classique de Ch. Fourant

J. Stocker sc.

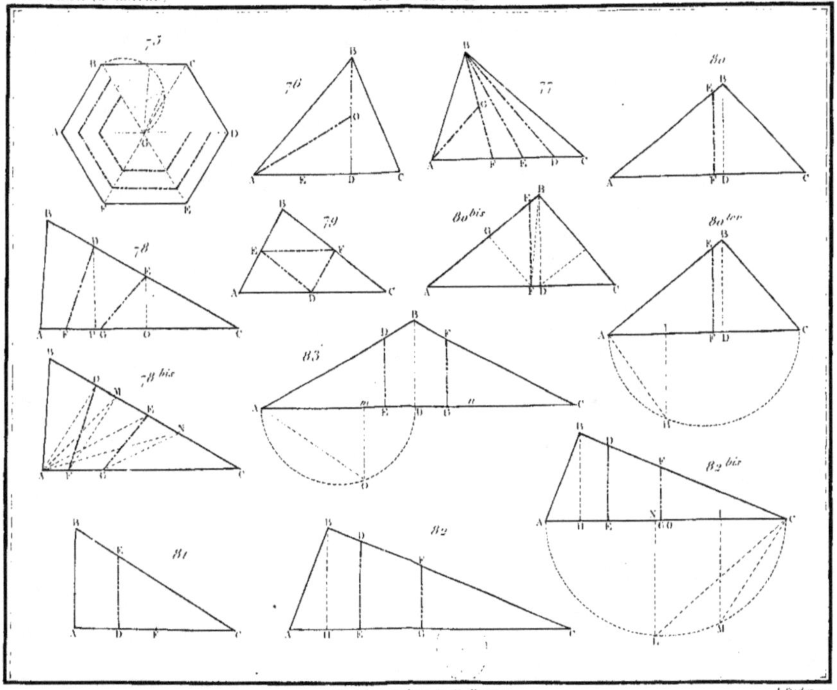

Librairie Classique de Ch. Fourant

A. Stucker sc.

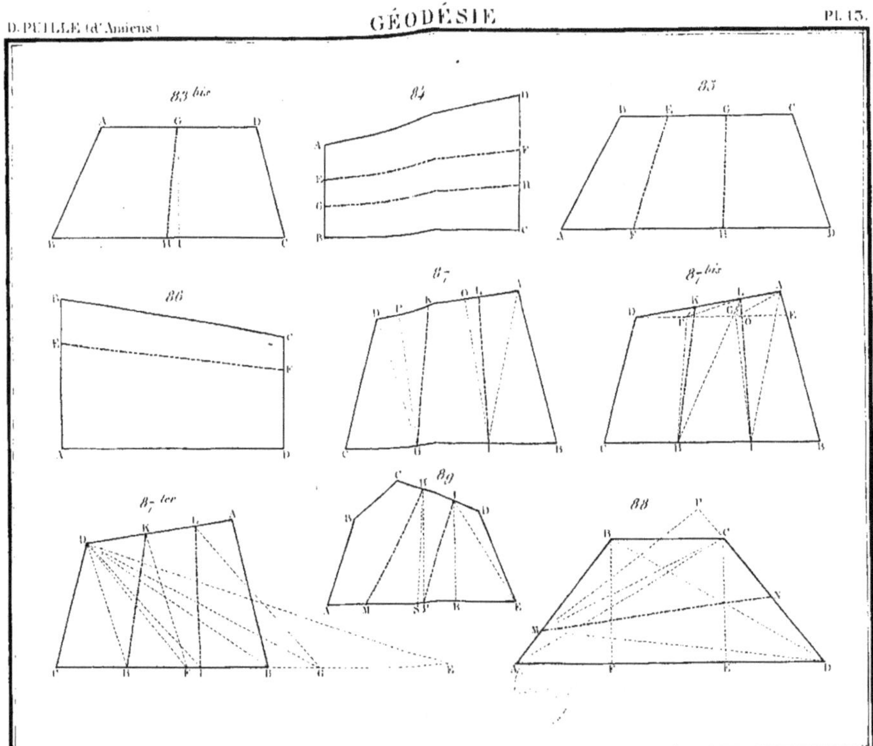
83 bis
84
85
86
87
87 bis
87 ter
89
88

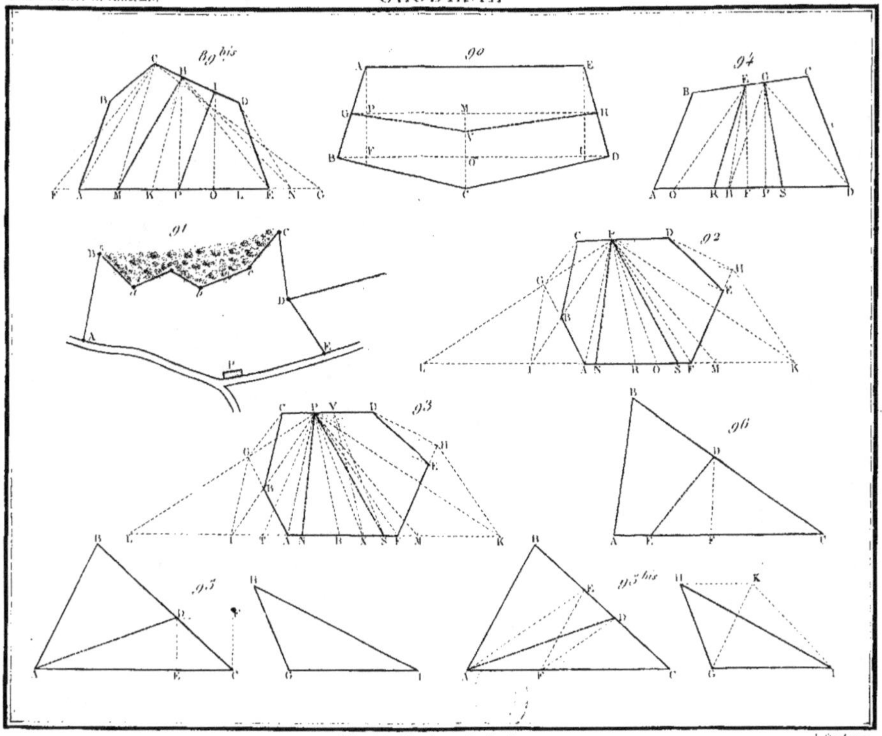

Librairie Classique de Ch. Fouraut
A. Stuerber sc.

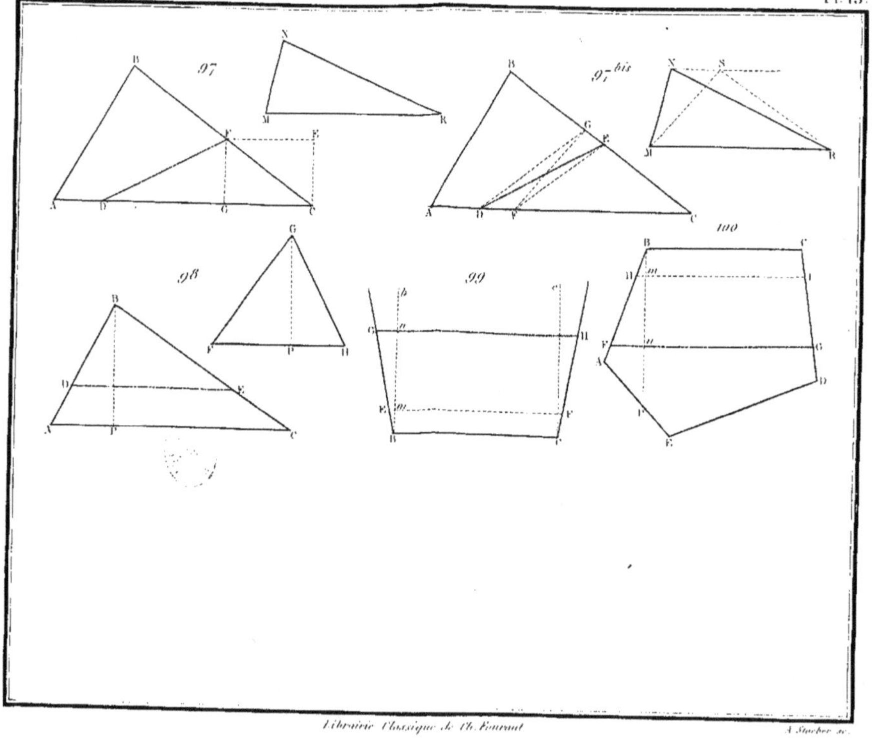

97 97 bis 98 99 100

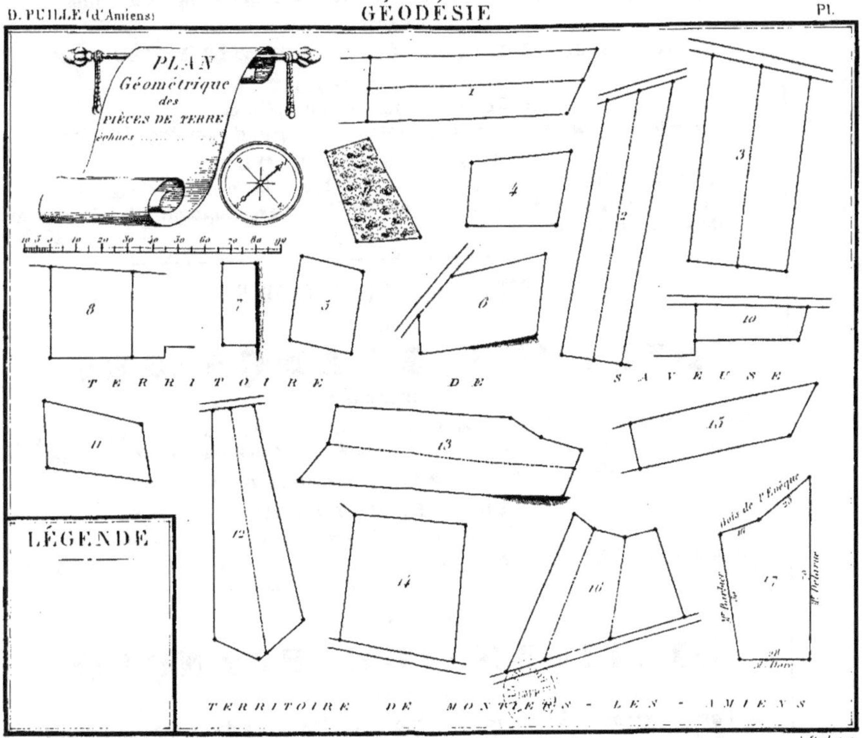

PLAN
Géométrique
des
PIÈCES DE TERRE
échues ....

10 5 0 10 20 30 40 50 60 70 80 90

1

2

3

4

8

7

5

6

10

TERRITOIRE DE SAVEUSE

11

12

13

15

LÉGENDE

14

16

Bois de l'Évêque

17

TERRITOIRE DE MONTIERS - LES - AMIENS

Librairie Classique de Ch. Fouraut.

A. Stocker sc.

Paris. — Typ. de Mme Ve Dondey-Dupré, rue Saint-Louis, 46.

www.ingramcontent.com/pod-product-compliance
Lightning Source LLC
LaVergne TN
LVHW050456160826
845677LV00003B/806

* 9 7 8 2 3 2 9 6 6 7 7 2 0 *